奇妙的变化

了不起的科学实验

[塞尔维亚] 托米斯拉夫·森克安斯基●著

[塞尔维亚] 米洛卢布·米卢蒂诺维奇·布拉达等●绘

钟睿●译

吉林科学技术出版社

© Kreativni centar, Serbia
Text: Tomislav Senćanski
Illustrations: Miroslav Milutinović Brada et al.

吉林省版权局著作合同登记号：
图字 07-2018-0056

图书在版编目（CIP）数据

奇妙的变化 /（塞尔）托米斯拉夫·森克安斯基著；
钟睿译. -- 长春：吉林科学技术出版社，2020.9
　（了不起的科学实验）
　书名原文：Simple Science Experiments 1
　ISBN 978-7-5578-5613-7

　Ⅰ. ①奇… Ⅱ. ①托… ②钟… Ⅲ. ①科学实验—青
少年读物 Ⅳ. ①N33-49

中国版本图书馆CIP数据核字（2019）第118978号

奇妙的变化 QIMIAO DE BIANHUA

著　　者	［塞尔维亚］托米斯拉夫·森克安斯基
绘　　者	［塞尔维亚］米洛卢布·米卢蒂诺维奇·布拉达等
译　　者	钟　睿
出 版 人	宛　霞
责任编辑	汪雪君
封面设计	薛一婷
制　　版	长春美印图文设计有限公司
幅面尺寸	226 mm × 240 mm
开　　本	16
印　　张	4.5
页　　数	72
字　　数	57千字
印　　数	1-6 000册
版　　次	2020年9月第1版
印　　次	2020年9月第1次印刷

出　　版	吉林科学技术出版社
发　　行	吉林科学技术出版社
地　　址	长春净月高新区福祉大路5788号出版大厦A座
邮　　编	130118

发行部电话 / 传真　0431-81629529　81629530　81629531
　　　　　　　　　　　　　81629532　81629533　81629534

储运部电话　0431-86059116
编辑部电话　0431-81629520
印　　刷　辽宁新华印务有限公司

书　　号	ISBN 978-7-5578-5613-7
定　　价	29.80元

推荐序

让我们的孩子拥有一颗无限好奇的心
和一双善于实践的手

打开可乐罐，为什么会有很多泡泡冲出来？为什么抚摸猫咪的毛有时会产生小火花？为什么在阳光下穿黑色的衣服会觉得更热？为什么将金属片放在纸上，松开手它们会一起落地？为什么不倒翁永远也不会躺下？为什么一张无论多大的纸对折起来，最多都不能超过七次……

在我们的生活中，充满了各种各样有趣的、不可思议的现象，这些让小朋友们对世界充满无尽的好奇。当他们睁大美丽的眼睛，用可爱的童音问出一个个"为什么"的时候，正是他们开始想要了解这个多彩世界的时候。

"了不起的科学实验"系列图书就是为了满足孩子们强烈的好奇心而制作的一套经典儿童读物。如今越来越多的家长开始重视培养孩子的科学素养，可落实到具体操作上家长们却是一头雾水。本系列图书便能轻松解决这个问题，它不仅能够帮助家长们更好地为孩子解释种种奇妙现象背后的科学原理，同时更能够激发小朋友们对水、空气、热量、光、电、声音、磁力、重力等方方面面知识的浓厚兴趣，努力去探究那一个个"神奇魔法"中隐藏的秘密，培养一种对万事万物充满好奇、努力寻求答案的精神。正是这种始终对未知保持好奇的态度，才能使他们眼中的世界永远是新鲜、有趣、精彩无限的。

"阅读千次不如动手一次"，本系列图书不是单向式传输知识的普通科普读物，而是一套将科学知识与实验方法有机结合的互动手册，我们希望让孩子们掌握"体验式学习"这一重要的方法，使一个个简单、有趣的小实验，成为孩子们打开科学世界大门的钥匙。运用种种简易的小工具，通过孩子们自己动手操作，制造出纸杯传声筒、塑料瓶分蛋器、吸管牧羊笛、浴缸中的喷气艇、会变色的小风车，甚至还可以自己制作出彩虹……这些动手实践的乐趣和获得实验成功、探知科学原理的成就感，让孩子们在对知识加深记忆的同时，更加真切地体验到科学的魅力，发现生活的美好，从而更加喜爱实践，更加热爱生活。

　　丰富的好奇心加上反复不断地实践操作，会激发孩子们无限的想象力和创造力，让他们对世界、对人生产生许多与众不同的思索，或许会由此奠定他们热爱科学的基础，使孩子最终成为一名科技工作者，甚至一名优秀的、用创造性思维和技术改变世界、造福人类的科学家。当然，更加重要的是，我们希望我们的孩子能够始终保持对世界充满好奇的童心，秉持不轻言放弃尝试的可贵品质，从而拥有充实、丰富的快乐人生。

微信扫码
获取本书线上阅读资源

知识拓展包/趣味小测试
实验操作视频/专家答疑
实验小课堂/阅读助手

目录 Contents

微信扫码

获取本书线上阅读资源

知识拓展包/趣味小测试
实验操作视频/专家答疑
实验小课堂/阅读助手

水

地球表面的一半以上都是水，

水对我们极其重要，如果没有了水，生命便会终结，

植物会枯萎，动物、人类都会死亡。

我们必须保护水资源，不让其受到污染。

水坑消失了

雨后，树木、花草和大地都会变湿。等太阳出来的时候，水便又逐渐干掉。水坑里的水虽然干掉了，却并没有真的消失，它们只是变成了水蒸气——水的另一种形式。这个简单的实验可以帮你测算出太阳把水坑晒干的时间，最佳实验时间在雨过天晴时。

所需材料：
■ 粉笔一支 ✓

实验操作：

1.用粉笔描出水坑边沿并标注时间。

2.每隔一小时重复第一步，重新标注边缘。

实验现象：

地面上有很多显示水坑慢慢缩小的粉笔线。几个小时之后，水坑会完全消失。

实验原理：

水吸收了太阳的热量，分子的运动速度加快，所以水很快就被蒸发了。水坑表面的水，由于阳光的照射，得到热量，所以很快地蒸发到空气中。水吸收的热量越多，蒸发就越快。所以，水壶里沸腾的水持续加热可以很快就全部蒸发掉。

实验拓展：

如果你找不到合适的水坑，也可以用杯子装水，用马克笔每隔1小时画出标记。

风能吹干东西

下面的实验展示风如何吹干湿的东西。

实验操作：

1. 将棉布在水中充分浸泡，但不需要拧干。
2. 分别将它们晾在这几个地方的晾衣绳上：

   a. 无风的阴凉处

   b. 有风的阴凉处

   c. 无风的向阳区

   d. 有风的向阳区

   你也可以将另外的一些棉布分别晾在房子里的其他地方。

实验现象：

在无风的阴凉处晾晒的棉布晾干的时间最长。相反地，在有风的向阳区里晾晒的棉布干得最快。如果将棉布充分展开，也可以缩短晾干的时间。

实验原理：

水蒸发的速度取决于棉布展开的面积、水表面的温度和水表面空气的流动。在之前的实验中，我们了解到太阳的热量有助于水分的蒸发。而风在这里也很重要，因为它能够加快水分蒸发的速度。

蒸发会停止吗?

海洋、湖泊、河流跟池塘里的水时时刻刻都在蒸发,但是有没有可能让蒸发停止呢?我们来做个实验看看吧。

实验操作:

1. 在玻璃杯的中间画一条线。

2. 把水倒至画线处。

3. 将玻璃杯里的水倒到茶碟里,然后往玻璃杯里倒水至画线处。这时,玻璃杯里的水跟茶碟里的水一样多。

4. 用塑料碗盖着玻璃杯,将茶碟放在碗外。一天之后我们再回来观察它们,期间不要触碰实验用具。

实验现象:

茶碟里的水大多都蒸发了,而玻璃杯里的水跟之前一样多。

实验原理:

水跟空气接触的时候便会蒸发,如果阻止了水跟空气的接触,水就不会蒸发了。

浴室里的小喷泉

你有没有见过喷泉？在日常生活中，你也可以在花园或者浴室里自制小型喷泉。

所需材料：
- 塑料软管一根 ✓
- 漏斗一个 ✓
- 防水胶布一卷 ✓
- 大头针一根 ✓
- 水若干 ✓

实验操作：

1. 连接软管与漏斗，软管的另一头用胶布密封；用大头针在胶布处扎一个洞。
2. 如右图所示握着软管，并将水倒入漏斗中。
3. 将水倒满漏斗之后，慢慢地放低密封了胶布的软管口，便会发现水会从洞中涌出。
4. 继续放低软管。

实验现象：

当你慢慢放低软管时，水柱强度增加，形成小型喷泉。

实验原理：

水柱越高，水压越大。同理，能够到达我们家里厨房和浴室水龙头里的水，都是达到一定压力的。高楼里设置水泵能加大水压，帮助水通过水管到达我们的浴室跟厨房。

哪种水柱最强劲?

上一个实验告诉我们喷射出来的水柱依赖于水管的高度。在下面的实验中,我们将制作一种同时拥有不同强度水柱的小喷泉。

所需材料:
- 塑料饮料瓶一个 ✓
- 水若干 ✓
- 长钉一根 ✓

实验操作:

1. 使用长钉在塑料饮料瓶上扎四个等距小洞。
2. 将水倒入瓶中。

实验现象:

从洞中喷出的水流不一样。

实验原理:

从最高处小洞里流出的水压力最小,所以水柱最无力。从最低处小洞里流出的水最强劲,因为这里的水压最大。

注意:

在用长钉扎洞时注意,不要扎到手。

沉沉浮浮

把橡皮泥放水里是沉下去还是浮上来呢？

木头、泡沫、塑料还有冰，无论什么形状和大小，在水里都能够浮起来。但是像橡皮泥或是金属，有的时候它们会沉下去，有的时候也会浮起来。这取决于它们的形状。

所需材料：
- 橡皮泥一块 ✓
- 玻璃球四颗 ✓
- 水一大杯 ✓

实验操作：

1. 将玻璃球放入水中，发现玻璃球会沉入水底。将橡皮泥放入水中，结果也一样。
2. 将玻璃球和橡皮泥从水中取出，把橡皮泥做成圆形的浅锅状。
3. 将橡皮泥锅放在水面上。

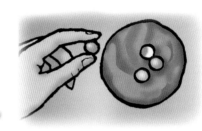

实验现象：

橡皮泥锅会浮起来。你可以把玻璃球放在橡皮泥锅上，将会发现它依然浮在水面上。

实验原理：

1千克的水所需空间比1千克的橡皮泥的要大。这就说明了橡皮泥比水更重、密度更大，所以，将它放入水中会沉下去。但是，当你将橡皮泥做成了小船的形状时，橡皮泥里会"充满"空气。这时的橡皮泥（单位体积）比水更轻、密度更小，所以小船就浮起来啦。

实验拓展：

准备几块同样的橡皮泥，然后举办一个小比赛，看谁做出的小船里面放的玻璃球最多，并且还不会沉下去。

液体"三明治"

有些液体跟水很相似，很容易就能和水混在一起。但是，也有些液体与水难以混合，其中最常见的就是油。

所需材料：

- 用墨水染过色的水若干 ✓
- 油若干 ✓
- 带瓶盖的瓶子一个 ✓

实验操作：

1. 将同等质量的油跟水倒进一个瓶子里。
2. 拧紧瓶盖，用力摇晃瓶子。

实验现象：

液体混合，但过了一会儿，油便会浮在水的上面。

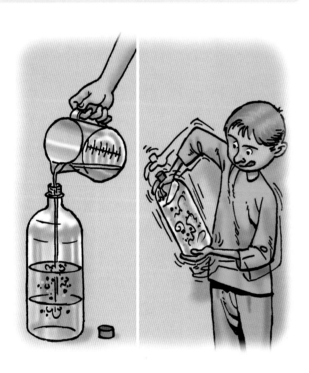

实验原理：

油和水的密度不一样，油的密度小，所以会浮在水面上。

实验拓展：

试着加入其他的液体，看看会发生什么。先倒入密度最大的液体，例如甘油。

为什么在咸水里游泳更简单?

我们已经知道了不同的液体有不同的密度。往密度越大的液体里放东西，就越容易浮起来。你听说过死海吗? 死海的密度大是因为里面的水盐度很高。在死海里，不用一直游泳，你也可以轻松地浮在水面上。接下来的实验会告诉你，水的密度越大就越容易将物体浮起来。

所需材料:
- 吸管一根 ✓
- 橡皮泥若干 ✓
- 装着自来水的容器一个 ✓
- 装着盐水的容器一个 ✓

实验操作:

1. 将橡皮泥搓成小球，并用它封住吸管的一头。
2. 将它放到装着自来水的容器里，直到它能够直立地浮起来。
3. 在吸管上标出水的位置。
4. 在装着盐水的容器里重复以上步骤。

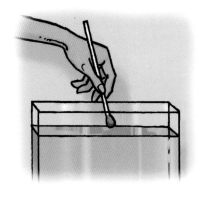
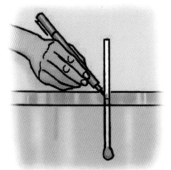

实验现象:

吸管在自来水中会沉得更深。

实验原理:

密度更大的液体对浸入其中的物体浮托能力更大。以死海为例，它能够很轻松地浮托起游泳的人。

实验拓展:

往容器里倒更多的盐，重复实验，看看会有什么变化。

小船的动力

制作一艘无动力的小船，通过下面的实验看看如何让小船移动。

所需材料：
- 装满水的盆 ✓
- 油纸一张 ✓
- 洗手液若干 ✓
- 尺子一把 ✓
- 剪刀一把 ✓
- 铅笔一支 ✓

实验操作：

1. 在油纸上画一个底边为4~5厘米，腰为8~9厘米的等腰三角形。
2. 用剪刀把三角形剪出来，将其置于水面。
3. 往手指上挤一点洗手液。
4. 在三角形底边后面的水中浸入手指。

实验现象：

"小船"动了。

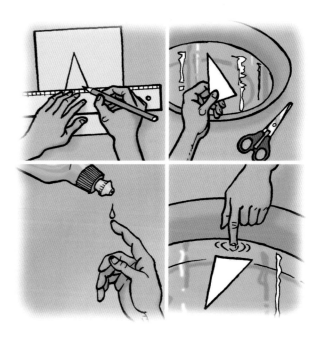

实验原理：

当洗手液在水里溶解时，洗手液在水中分解产生张力，所以小船会动。

隔空移物

皂液可以使物体在水面移动，糖也一样可以，但是操作会有所不同。我们一起来看一看吧。

所需材料：
- 装满水的碗两个 ✓
- 火柴棍若干 ✓
- 方糖一块 ✓
- 肥皂一小块 ✓

实验操作：

1. 将火柴棍掰成小块，使其浮在水面上。
2. 将方糖置于碗底中心处。
3. 将肥皂放在另一个碗底中心处。观察两个实验的现象。

实验现象：

糖块能够将火柴棍吸引到碗中间，而肥皂却将火柴棍从碗中间移至碗边处。

实验原理：

方糖里有气孔，能将水吸入其中，这使得火柴棍顺着这样的"小水流"流到碗的中间。而在另一个碗中，由于肥皂溶解，致使水面的张力减弱，使得火柴棍从碗中心慢慢移到碗边处。

冰需要更大的空间

将水充分冷却后，就会变成冰，而水一旦变成冰，所需的空间就会比原先水需要的更大。我们一起来证明看看吧。

所需材料：
- 水若干 ✓
- 铝箔纸一张 ✓
- 漏斗一个 ✓
- 冰箱一个 ✓
- 塑料瓶一个 ✓

实验操作：

1. 借助漏斗，往塑料瓶里倒满水。
2. 将铝箔纸放在瓶口处，然后将瓶子放入冰箱冷冻。
3. 几个小时后将瓶子拿出来。

实验现象：

冰将瓶口的铝箔纸顶了起来，表明水变成冰后所需的空间更大。

实验原理：

大多数的液体在冷冻过后，密度会变大，而水却相反。水变成冰后，密度变小，所需空间变大。

冰能够浮在水面上，是因为水的密度比冰大。冰川能在海洋上浮起来就是这个原理。

会沉下去的冰

下面的实验给大家展示会沉下去的冰，虽然只能沉很短的时间。

实验操作：

1. 将水倒入杯中，用水彩颜料将其染色。
2. 将染过色的水倒入制冰盒里，再将制冰盒放入冰箱冷冻。
3. 往杯中倒入一些热水。
4. 将冷冻好的染色冰块放入杯中。

实验现象：

冰块融化，在热水中显示出颜色。冰块会沉入杯底，但过一会儿，又会浮到水面上。

实验原理：

冰块融化时，密度会增大，所以它会沉入水底。在杯底时，由于在热水中，冰块体积变小，密度减小，于是便又浮起来了。

植 物

想象一下，如果我们生活的地球没有了植物，会变成什么样？

植物除了能够作为食物供人类与动物生存外，植物还会
对空气、土壤、天气等有影响。

大自然里的所有东西都是互相关联、息息相关的。

植物也喝水吗？

　　水通过土壤接触植物——水分从根进入植物，再到植物的茎叶中。下面的实验会给大家展示水是怎样从根流进植物内部的。

所需材料：
■ 白花（如康乃馨或玫瑰花）三朵 ✓
■ 被墨水或可食用色素染过的水若干 ✓

实验操作：

1. 将花置于染过颜色的水中。
2. 静置一天。

实验现象：

　　花瓣有染过颜色的水的踪迹。

实验原理：

　　植物的茎里包含很多小管道，我们称之为导管。液体表面的张力、内聚力和附着力的共同作用使水分能在导管中上升，茎部导管的毛细作用将水分传输到花瓣。

实验拓展：

　　用不同颜色的可食用色素做这个实验，看看哪种颜色效果最好。

双色花

所需材料：
- 白花（康乃馨或玫瑰花）一朵 ✓
- 水两杯 ✓
- 蓝色与红色的墨水若干 ✓
- 剪刀一把 ✓

实验操作：

1.将两杯水分别染成红色与蓝色。

2.在家长的帮助下用剪刀将花茎对半剪开（不要剪断），两杯水并排放置，将剪好的花茎分别放入两杯水里。

3.静置24小时。

实验现象：

花瓣上有染过颜色的水的痕迹。

实验原理：

叶子对水分的蒸腾作用具有拉力，水从植物的导管里源源不断地被输送到植物各部分。

植物会释放出水吗？

植物并不会将所有从土壤里吸收的水都存储起来，它们会将一部分释放到空气中，我们一起做个实验看看吧。

所需材料：
- 盆栽植物一盆 ✓
- 塑料袋一个 ✓
- 胶布一卷 ✓
- 剪刀一把 ✓

实验操作：

1.用塑料袋套住盆栽。

2.在根茎处用胶布封住塑料袋，要小心，注意不要弄坏盆栽。

3.等待一天。

实验现象：

塑料袋里会有水珠出现。

实验原理：

植物会通过叶子里的小孔（我们称之为气孔）来释放水分。这些小孔在白天会关闭以保存水分。

实验拓展：

将塑料袋套在一片叶子上。在这片叶子中，我们能够收集到多少水分呢？在其他的叶子上也重复这个实验。不同叶子里的水分会在一天中相同的时间释放到塑料袋中吗？

什么树叶能蓄水？

夏天，一些花儿长出特别的叶子来帮助自己保持湿润。我们找找看哪些叶子蓄水的时间最长。

所需材料：

☑ 棉线 ✓

☑ 杨树叶和橡树叶若干 ✓

☑ 两根木棍 ✓

实验操作：

1.将棉线系在两根温暖有微风处的木棍上。

2.将叶子系在棉线上。

3.每隔一小时检查一次叶子，并记录观察的结果。

实验记录：

时间变化 🕐	两种形状的叶子	
	杨树叶	橡树叶
1小时 颜色变化		
2小时 颜色变化		
3小时 颜色变化		

注：如果找不到杨树叶和橡树叶，在你的身边寻找其他叶子代替。

瓶子里的"花园"

你可以自己做一个小小的植物世界，这样你可以观察植物在里面吸收和释放水的情况。

所需材料：

■ 大的广口塑料瓶一个 ✓
■ 质量好的花泥若干 ✓
■ 炭灰和碎石若干 ✓
■ 常春藤、蕨类植物或者苔藓等小型植物若干 ✓
■ 水约250毫升 ✓

实验操作：

1. 将碎石置于瓶子最底处，在上面撒上一层炭灰。
2. 在炭灰上铺一层约10厘米厚的花泥。
3. 小心地把选好的植物从盆里移植到塑料瓶中。
4. 浇湿花泥，但注意不能浇太多水。
5. 用盖子盖好塑料瓶，将其置于温暖、有充足光照的地方，但注意不能有阳光直射。

实验记录：

	植物吸收和释放水的情况
第1天	
第2天	
第3天	

奇妙的变化

向下生长的树根

为什么植物都是直立生长的呢？我们做一个趣味实验来找寻答案。我们把种有种子的土壤放置于不同的方向，看会不会产生不一样的效果。

所需材料：
- 发了芽的种子若干 ✓
- 吸墨纸两张 ✓
- 玻璃两块 ✓
- 橡皮筋两根 ✓
- 装有水的容器一个 ✓

实验操作：

1.用两块吸墨纸夹着发芽种子。

2.将它们放到两块玻璃之间，如图所示，用橡皮筋束紧玻璃。

3.将玻璃放入装有水的容器中，把容器放到窗边。

4.每隔一天，调转一次玻璃的方向。

实验现象：

树根仍然向下长，幼株则仍向上长。

实验原理：

地心引力使得植物能够一直往下扎根，而植物的茎则朝着相反的方向生长。如果你见过山坡上的植物，你会发现，它们总是长得直挺挺的。

惯　性

物体保持自身原有运动状态或静止状态的性质，
都是由于惯性的作用。

手肘上的硬币

所需材料：

■ 硬币几枚

实验操作：

1. 如图所示，将硬币放在手肘上。
2. 猛地甩开手肘，抓住硬币。

实验现象：

　　由于惯性作用，硬币掉落前，会短暂保持在原来位置。

实验原理：

　　静止的物体，其惯性表现为让物体保持静止状态。而手肘甩开后，硬币在空中受重力作用，呈下落趋势。

实验拓展：

　　组织一场抓硬币比赛，利用惯性看看你在硬币掉落地上前能抓住几枚。

瓶子上的瓶子

实验操作：

1. 如图所示，将瓶口相对放置，中间夹着一张厚纸片。

2. 快速抽出纸片。

实验现象：

上面的瓶子仍然稳当。

注意：

做这个实验非常需要技巧。建议用枕头围住下面的瓶子来练习，这样，即使上面的瓶子掉落，也不会摔碎。

实验原理：

当快速抽出纸片时，由于摩擦力不足以改变瓶子的运动状态，瓶子因惯性仍保持静止状态。

赖着不走的衣夹

所需材料:
- 玻璃杯一个 ✓
- 纸片一张 ✓
- 衣夹一个 ✓

实验操作:

1.如图所示,把纸片放在玻璃杯上,再将衣夹直立放在纸片上。

2.用手指猛地将纸片弹走或将纸片抽走。

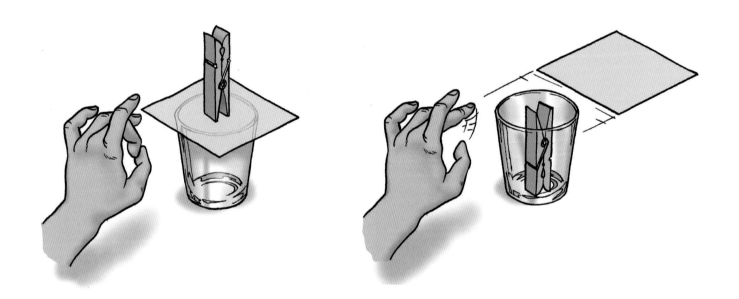

实验现象:

衣夹不会跟着纸片一起被弹走,而是掉入玻璃杯内。

实验原理:

静止的夹子具有惯性,因失去下面纸片的支撑,在重力作用下落到玻璃杯内。

结实的纸环

下面的实验证明物体倾向于保持静止状态。我们一起来看看吧。

所需材料：
- 薄纸带若干 ✓
- 薄木条（约3mm厚）一块 ✓
- 胶水若干 ✓

实验操作：

1. 用胶水把纸带做成纸环。
2. 请两位朋友，如图用纸环吊起木条。
3. 用你的手向木条中间劈下去。

实验现象：

木条折断，纸环未损。

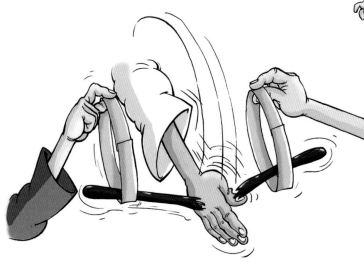

实验原理：

由于惯性，纸环保持静止，并未受损，虽然你觉得它们会被弄断。

实验拓展：

把乒乓球放在旱冰鞋的最后方，然后把旱冰鞋推向墙壁。旱冰鞋撞击墙面后停止前进，但由于惯性，乒乓球继续往前移动。

顽强的积木

所需材料：

■ 积木八块

实验操作：

1.如图所示摆放积木。

2.把最后一块积木放在外围，将你的食指放在它的角上。

3.食指用力按下，积木朝后弹起，把横置在最下面的积木"弹飞"。

实验现象：

横置在最下方的积木虽被"弹飞"，积木阵却没有坍塌。

实验原理：

由于惯性，积木阵维持原状。

注意：

要想实验顺利完成，你需要多练习几次。

可塑材料

有些材料会产生变化，以新的形状存在。不同于弹性物质，
它们不能变回原来的形状。我们称之为可塑材料。
例如湿黏土，就是可塑材料，
因为它会保持你所塑造的形状。在下面的实验中，
你将会看到，牛奶也能变成可塑材料。

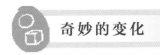
可塑牛奶

同样的液体在不同的温度下会有不同的状态，我们一起来验证一下吧。

实验操作：

1.在奶锅里加热牛奶。

2.牛奶开始沸腾时，加入一点儿醋，慢慢搅拌。

3.继续搅拌。几秒钟之后，混合物会变得像橡皮一样。

4.冷却后用冷水冲洗。

实验现象：

牛奶不再呈液状，而是形成了可塑材料。

实验原理：

醋是一种酸。往牛奶里加醋时，产生了化学反应，使牛奶变性，由开始的黏稠变成凝胶。由此，牛奶结块，变成可塑材料。

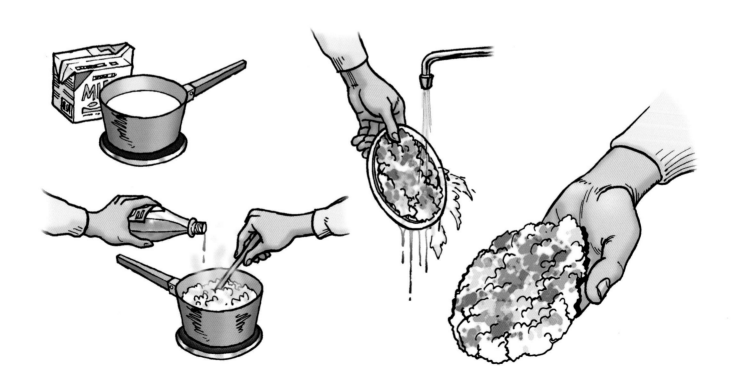

家里的钟乳石

我们在家也能做钟乳石，一起来试试吧。

实验操作：

1. 先在容器中制作盐和热水的饱和混合物。

2. 混合物冷却后，把混合物倒在瓶子里。

3. 纺线两端各系上一个回形针。

4. 把回形针放到瓶子里，充分浸入盐水溶液中，拉直中间的纺线。

5. 把它们放到温暖安全的地方，纺线下面放碟子。

所需材料：

- 小玻璃瓶两个 ✓
- 水若干 ✓
- 苦盐若干 ✓
- 回形针两个 ✓
- 纺线若干 ✓
- 浅碟一个 ✓
- 容器一个 ✓

实验现象：

几天之后，瓶子中间的纺线会慢慢长出钟乳石。

实验原理：

通过浸泡在里面的纺线，溶液慢慢地爬升并蔓延开来。有些溶液会从纺线上滴下来，当溶液滴下来时，水分蒸发，留下盐分。

实验拓展：

接下来，我们试着做一个晶体。取一干净、可弯的金属丝，把它塑成一个形状（例如一个字母）。把它放入溶液中浸泡几分钟，拿出来自然风干。

鸡蛋有多坚固？

我们都知道，鸡蛋很容易碎。但其实鸡蛋也是很坚固的，毕竟，在母鸡把它生下来时，掉到地上它也能毫发无伤。大自然同时赋予鸡蛋弱和强的能力。

所需材料：
- 大托盘一个 ✓
- 鸡蛋一个 ✓
- 硬币若干 ✓
- 塑料袋一个 ✓
- 书几本 ✓
- 黏土若干 ✓

实验操作：

1. 借助黏土，把鸡蛋一端粘在托盘上，直立放置。
2. 将硬币分成跟鸡蛋同等高度的两摞，分别放在托盘的另一边。
3. 把一本书包进塑料袋里以免被弄脏，然后把它小心放到鸡蛋和硬币上。
4. 小心翼翼地慢慢增加书本。看它在破裂前，最多能够托起多少本书。

实验原理：

为什么鸡蛋如此坚固？其原因在于蛋壳，鸡蛋外部的弧形结构将压力分散到蛋壳的其他部分，蛋壳的拱形结构使鸡蛋能承受较大的压力。

实验拓展：

把鸡蛋换成其他的纸制几何体，如立方体、圆锥体等。

莫比乌斯环

所需材料：
- 纸 ✓
- 剪刀 ✓
- 胶水 ✓

实验操作：

1. 剪下三条纸带。
2. 第一条直接用胶水粘成圆环。
3. 第二条同样围成圆环，但在用胶水黏合前，纸带一端扭一圈。
4. 第三条纸带在黏合前扭两圈。
5. 用剪刀沿纸带中央剪开纸环。

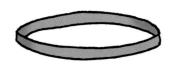

实验现象：

　　剪开纸环后，第一个会变成两个窄纸环，第二个会变成一个更大的环，而第三个却变成了两个扣在一起的环。

实验原理：

　　第二个跟第三个环被称为莫比乌斯环，名字来源于发现它们的人。

实验拓展：

　　在第二个纸环的中间，沿着纵长画线。你会发现，你只用一笔就能画完纸环的两面。

彩色粉笔

如果你需要彩色粉笔，但你只有白色的，那怎么办呢？

所需材料：

- 白色粉笔若干 ✓
- 可食用色素若干 ✓
- 水若干 ✓

实验操作：

1. 在温水中溶入可食用色素。
2. 将粉笔放入水中泡一会儿。
3. 取出粉笔风干。

实验现象：

白色的粉笔变成了其他颜色。

实验原理：

粉笔具有吸水性。粉笔可以吸收液体，水蒸发后，颜色就留在粉笔上了。

实验拓展：

试着用高锰酸钾来帮粉笔染色。

化学反应

通过奇妙的化学实验，

我们能学到很多新的知识。

接下来的实验带你走进奇妙的化学世界。

微信扫码

获取本书线上阅读资源

知识拓展包/趣味小测试
实验操作视频/专家答疑
实验小课堂/阅读助手

燃烧的金属

金属是热和电的良导体，它们可塑，而且具有光泽。而有一些金属，则具有更特别的性质。接下来的实验，我们将用到铝。

所需材料：

- 铝粉若干 ✓
- 蜡烛一支 ✓
- 打火机一个 ✓
- 勺子一把 ✓

实验操作：

1. 点燃蜡烛。
2. 慢慢地将勺子里的铝粉倒到火焰上。

实验现象：

铝粉燃烧，产生火花。

注意：

做此实验要有家长陪同做。

保持金属的光泽

　　铝锅在闲置一段时间后会失去光泽（变深色）。只需动动脑筋，就能留住金属的光泽。

实验操作：

1. 往锅里放水并加热。

2. 水沸腾时加入柠檬片。

实验现象：

　　铝锅的颜色变浅。

实验原理：

　　柠檬酸在铝锅失去光泽的地方发生反应，产生铝盐，而铝盐又能溶于水。

盐花园

实验操作：

1. 把多孔岩放在盆里。
2. 用温水尽可能多地溶解盐。
3. 在溶解液中加入一满匙的醋。
4. 把溶解液倒在多孔岩上。

温水

实验现象：

　　几天之后，盐"长出来"了，形成好看的结晶，覆盖在岩石上。

实验原理：

　　由于毛细管现象，盐水可以爬升到岩石表面，随着水分逐渐蒸发，只留下盐层。

肥皂泡

■ 水若干 ✓
■ 肥皂若干 ✓
■ 甘油若干 ✓
■ 容器一个 ✓
■ 礤床儿一个 ✓
■ 亚麻布一块 ✓

实验操作：

1. 用礤床儿磨一些肥皂碎。
2. 把肥皂碎尽可能多地溶在水里。
3. 用亚麻布过滤溶液。
4. 将甘油与溶液混合。
5. 静置一会儿，然后刮掉结在表面的白皮。

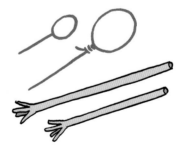

如何使用：

用金属丝做成小圈儿，把小圈儿浸泡在溶液里，再拿出来吹泡泡。

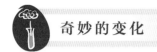

土豆胶水

所需材料:
- 大土豆两个 ✓
- 装了水的容器一个 ✓
- 亚麻布一块 ✓
- 小刀一把 ✓
- 礤床儿一个 ✓

实验操作:

1. 土豆削皮,然后用礤床儿擦丝。
2. 如图所示,将土豆放在布里。
3. 把布团浸在水中,吸水后挤压,重复几次,直到水变混浊。

实验现象:

静置一会儿后,容器底部出现白色淀粉。

把淀粉拿出,与冷水混合,然后慢慢地把混合物倒在很热的水里,不断搅拌,直到它变成浓浆,就是土豆胶水啦。

瓶塞"火箭"

实验操作:

1. 往瓶子里倒入两匙小苏打。
2. 用水沾湿瓶塞。
3. 往瓶子里倒两匙醋,然后快速塞紧瓶塞(不要塞太紧)。
4. 躲开瓶口处。

所需材料:

- 带有瓶塞的瓶子一个 ✓
- 醋若干 ✓
- 小苏打若干 ✓
- 汤匙一个 ✓
- 水若干 ✓

实验拓展:

慢慢地把瓶口靠近正在燃烧的蜡烛,里面的二氧化碳很快就会把火焰扑灭。

实验现象:

瓶子里会发出嘶嘶声,混合物开始冒泡,很快,瓶塞就像火箭一样发射出去了。

实验原理:

反应产生的二氧化碳所形成的压力,把瓶塞顶了出去。

观察变化

对物体进行小小的改变，

会使它们发生变化，

从而改变它们的性质。

水下喷泉

同样的液体在不同的温度下会有不同的密度。我们一起来验证一下吧。

所需材料：

- 大容器一个 ✓
- 带瓶盖的小瓶一个 ✓
- 墨水若干 ✓
- 滴管一个 ✓
- 水若干 ✓

实验操作：

1. 将冷水倒入大容器中。
2. 用滴管将热水滴入小瓶中，加几滴墨水，盖紧瓶子摇匀。
3. 将小瓶放置于大容器内。
4. 取掉小瓶瓶盖。

实验现象：

染色后的热水会上升且一直浮在冷水的表面。过一阵子，染色后的水会跟清水混合在一起。

实验原理：

热水分子比冷水分子运动的速度更快，由此热水密度更小，变得更轻，所以，热水会上升。当水的温度变得一样时，原来的热水就与下面的清水混合在一起。

酵母怎么呼吸？

有些微生物对人体有害，但是有些却十分有用，我们可以用它们来做酸奶、乳酪、面包跟啤酒。酵母是一种微真菌，把它们弄干时，它们看上去就像淡黄色的粉末，但若将它们放置于显微镜下，我们会看到它们里面有很多活细胞。

所需材料：
- 瓶子一个 ✓
- 糖若干 ✓
- 水若干 ✓
- 干酵母若干 ✓
- 能装水的大容器一个 ✓

实验操作：

1. 将一茶匙糖跟一点酵母放入瓶内。
2. 加入一点水，摇匀。
3. 将气球牢牢套在瓶口。
4. 往容器里加温水，将瓶子放入其中。

实验现象：

气球变大了。

实验原理：

往容器里加入温水的过程中释放出的二氧化碳将气球吹大。

实验拓展：

将一茶匙酵母跟一茶匙糖溶入热水中。将225克的面粉、15克的黄油和少许盐混合，并加入酵母水，做成一个面团。然后把它放入220℃的烤箱里烤15分钟。以上步骤需在家长帮助下进行。尽情地品尝吧。

火山爆发

二氧化碳能让碳酸饮料产生气泡。如果你使劲儿摇一瓶苏打水然后快速地扭开瓶盖，里面的气体就会变成泡泡冲出瓶子。二氧化碳还可以用来灭火。下面的实验，你可以做一些二氧化碳气泡。

所需材料：

- ☑ 小玻璃瓶一个 ✓
- ☑ 浅碟一个 ✓
- ☑ 橡皮泥若干 ✓
- ☑ 小苏打若干 ✓
- ☑ 醋若干 ✓
- ☑ 红色可食用色素若干 ✓
- ☑ 茶匙一个 ✓

实验操作：

1. 将玻璃瓶正立置于浅碟正中。
2. 用橡皮泥将玻璃瓶外侧包裹起来，做成火山形状。
3. 小心地将小苏打倒至玻璃瓶一半处。
4. 加入可食用色素。
5. 使用茶匙，慢慢地将醋倒入小苏打中。
6. 退后一步，仔细观察。

实验现象：

气泡汇聚，溢出火山边缘。

实验原理：

醋酸与小苏打混合会形成气泡。这些气泡很轻，很快就提升到表面。此时，这种混合气泡会开始变成泡沫儿，泡沫儿上升，溢出边缘，就像是火山的熔浆。

实验拓展：

将醋倒入玻璃瓶中，加入一茶匙小苏打，再放入几颗卫生球，所产生的气泡会将卫生球带到表面。

看不见的信

写一封除了收件人以外其他人没有办法看到的信。

所需材料：
- ☑ 牙签一根 ✓
- ☑ 醋或柠檬汁若干 ✓
- ☑ 纸一张 ✓
- ☑ 蜡烛一支 ✓
- ☑ 火柴若干 ✓

实验操作：

1. 将牙签从中间折断，用较粗的一头作为笔尖。

2. 用笔尖蘸上一点儿醋或柠檬汁，再在纸上写信。

3. 等待纸变干。

4. 点燃蜡烛，小心地将纸靠近火焰。

实验现象：

等"墨水"变干，会看不见字迹。靠近火焰，上面的字又会重新显现出来。

实验原理：

纸上的"墨水"干透后，字迹就消失不见了。当我们将纸靠近火焰时，纸上带有"墨水"的地方，会与氧在较低温度下反应，由此，使得"墨水"颜色变深，纸上的字也逐渐清晰。

紫甘蓝

紫甘蓝除了好吃以外，还能用来做很多的科学实验。

所需材料：

- 紫甘蓝一半
- 水一锅
- 刀子一把
- 砧板一张
- 餐巾纸或滤纸若干
- 醋、柠檬汁、肥皂水若干

实验操作：

1. 在家长的帮助下将紫甘蓝切丝，并将其放入锅中煮5分钟（也可榨汁）。
2. 取出紫甘蓝，等待水冷却。将餐巾纸或滤纸剪成带状。
3. 将纸带放入水中，完全浸泡。
4. 晾干纸带，等待纸带变干后，分别滴上醋、柠檬汁、肥皂水或其他无害物质。

实验现象：

着色处变成不同的颜色。

实验原理：

紫甘蓝里含有一种名为指示剂的化学物质。当你在上面加入酸或碱时，指示剂会变成不同的颜色。在上面加入碱时紫甘蓝的水会变成蓝色，再往上面加入酸（例如醋）时，它又会变成红色。科学家常用的一种叫作石蕊的指示剂就是这种原理。

如果没有紫甘蓝，你也可以用三叶草瓣来代替。在加入酸或碱后，它里面含有的指示剂同样会变色。

怎样把鸡蛋塞进瓶子里？

鸡蛋也可以用来做有趣的实验，我们一起来看看吧。

实验操作：

1. 把煮熟的鸡蛋剥壳。

2. 把纸放进瓶子里。

3. 点燃火柴后放入瓶内，使里面的纸燃烧。

4. 火焰最盛时，把鸡蛋塞在瓶口。

5. 等待火焰燃尽且瓶子里的空气冷却。

实验现象：

鸡蛋会慢慢探进瓶口，朝着瓶底滑落，"啵"一声后，就完全掉下去了。

实验原理：

瓶子被加热再冷却后，里面的空气减少，使得瓶内的气压减小，外面的压力便把鸡蛋压进瓶内了。

实验拓展：

用香蕉皮代替鸡蛋再重复做一次实验。

鸡蛋"爆炸"

所需材料:
- 生鸡蛋一个 ✓
- 醋若干 ✓
- 水若干 ✓
- 容器两个 ✓

实验操作:

1.把鸡蛋浸泡在装了醋的容器中。

2.等待蛋壳变软。

3.把鸡蛋取出,放到装水的容器中。

实验现象:

不一会儿,鸡蛋膨胀,蛋壳裂开。

实验原理:

醋的醋酸与鸡蛋壳反应后,使其变软。当你再把鸡蛋放到水里时,鸡蛋壳会吸收水分,直到裂开。这里涉及了渗透作用的原理,浓度低的溶液(水)通过薄膜(蛋壳)接触到了浓度高的溶液(鸡蛋),但反之却没有这样的情况发生。这也是营养液沿着植物根茎爬升到最高点的原理。

生鸡蛋还是熟鸡蛋?

所需材料:
- 生鸡蛋和熟鸡蛋各一个 ✓
- 锤子和钉子若干 ✓
- 线若干 ✓
- 胶带一卷 ✓

实验操作:

1.用胶带将两个鸡蛋粘在一样长的线上。

2.如图所示,把它们吊在钉子上。

3.把它们举至最高处后放开,使它们同时摇晃。

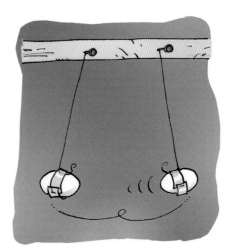

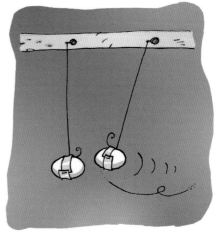

实验现象:

生鸡蛋更快停下来。

实验原理:

生鸡蛋液拍打蛋壳,产生摩擦,阻碍摇晃。

实验拓展:

旋转鸡蛋,使它们转动起来。这次还是生鸡蛋先停下来吗?

空气称重

我们怎样证明热空气比冷空气更轻呢?

所需材料:
- 木条或者旧尺子一把 ✓
- 塑料杯两个 ✓
- 线三条 ✓
- 蜡烛一根 ✓
- 火柴若干 ✓
- 剪刀一把 ✓
- 钻孔机一个 ✓

实验操作:

1. 在木条正中钻一个孔,然后以这个孔为中心,以相等的距离,在木条两端各钻一个孔。
2. 如图所示,把塑料杯吊在两端。
3. 如图所示,把整个装置平衡吊起。
4. 点燃蜡烛,把蜡烛放在倒置的杯子下方。

实验现象:

蜡烛上方的木条会上升。

实验原理:

经过蜡烛的加热,杯子里的温度升高,空气流出杯外一些,密度变小,由此使得木条倾斜。

瓶子里的"云朵"

实验操作：

1. 往瓶子里加温水。
2. 把纸片放在瓶口，冰块放在纸片上。

实验原理：

温水里的水蒸气上升，接触到冰块，液化成小水珠，即"云"。水蒸发上升接触到上面的冷空气时形成云朵，也是同样的原理。暖湿空气碰到冰冷的窗玻璃，也以同样的方式，使得窗玻璃起雾。

实验现象：

瓶子里出现"云朵"。

松果晴雨表

松果可以用来做装饰,也可以用来预报天气。它是怎么做到的呢?

所需材料:
- 松果一个 ✓
- 纸片若干 ✓
- 金属丝若干 ✓

实验操作:

1. 确保松果完全干燥。
2. 如图所示,用纸片和金属丝,把松果做成鸟状。
3. 把它放到窗外一个你能看到、但是不会被雨淋到的地方。

实验现象:

晴天时,松果膨胀(松果的鳞片打开)。

雨天前,松果的鳞片会收缩。

实验原理:

下雨之前,松果鳞片吸收空气的水分而收缩。某些动物和鸟的毛发也会这样。

物体的特性

每一样物体都有一定的性质：

硬度、颜色、味道、气味、密度、体积、惯性……

有一些性质自身能够改变，而另一些则只能人为改变。

改变纸片跟冰块的性质很简单，

接下来我们一起看看吧。

变得厉害的纸

所需材料:
- 相同的玻璃杯三个 ✓
- 薄纸片一张 ✓

实验操作:

1. 把两个玻璃杯分开放置,使得中间正好能放第三个玻璃杯。纸片放在两个玻璃杯上面。

2. 把第三个玻璃杯放在纸片的中间。

3. 把纸片折成折扇形,再重复实验。

实验现象:

第二次实验中,纸片能够承载住玻璃杯。

实验原理:

纸片折叠,受力面积变小了,厚度加厚了,从而能够托起玻璃杯。

实验拓展:

试着用力揉皱或者挤压报纸,你会发现越到后来,就越难再挤成更小一团。

哪块冰更硬？

所需材料：

- 圆的塑料容器两个 ✓
- 木屑若干 ✓
- 水若干 ✓

实验操作：

1. 往两个杯子里倒一点儿水，但要确保两个杯子里的水位一致。
2. 向其中一个杯子里加入木屑。
3. 把杯子放冰箱冷藏。
4. 一段时间后，试着打碎冰块。

实验现象：

有木屑的冰块更难被打碎。

实验原理：

木屑有加固作用，使得冰块更坚硬。

不会溢出来的水

在装满茶水的杯子里放糖，茶水不会溢出来。在装满压碎饼干的杯子里加牛奶，也不会有东西溢出来。用下面的实验，看看我们刚刚说的究竟是不是真的。

所需材料：
- 杯子两个 ✓
- 棉花若干 ✓
- 水若干 ✓

实验操作：

1. 在一个玻璃杯中放满棉花，另一个玻璃杯中装满水。
2. 慢慢把水倒进装了棉花的杯子里，看看水会不会溢出来。

实验现象：

水装满杯子，却不会溢出来。

实验原理：

物质是由微粒构成的，它们之间有很多空隙。水分子填满了棉花分子之间的空隙，而不是杯子里的空间，所以，水就不会溢出来了。

漏斗与火焰

蜡烛的火焰在遇风时，会"不安分地"来回晃动。我们一起来做个实验，看看如何压弯火焰。

实验操作：

1. 把蜡烛放在桌子上，通过漏斗向火焰吹气，注意不要吹灭蜡烛，只需吹弯火焰。
2. 调转漏斗的方向继续向火焰吹气。看看火焰又会怎么样。

实验现象：

当空气从漏斗管中吹出时，火焰会背对漏斗的方向"弯腰"。而当空气从漏斗的喇叭口中吹出时，火焰"弯腰"的方向则相反。

实验原理：

当空气从漏斗管中吹出时，气流分开，朝着不同的方向流走，使得火焰朝着气流运动的方向移动。而当空气从漏斗的喇叭口中吹出时，气流在漏斗里时就已经分开。气流碰到漏斗面，改变了方向而回旋，这就解释了为什么空气从蜡烛后面吹向火焰，使得火焰往漏斗的方向"弯腰"的现象。

折纸

折纸很简单。但是一张纸你最多能折几次呢？用不同大小的纸张试试吧。

所需材料：
- 不同大小的纸若干 ✓

实验操作：

1. 尽可能多次地对折。
2. 每次折完后，记录一下。

实验现象：

无论是多大的纸张，你都不能折大于七次。

实验原理：

折叠后的纸变成很多层。当纸张折叠了好几次后，纸层会慢慢变厚，最后无法继续折下去。

黑和白

当天气晴朗时，你触碰到被阳光暴晒后的物体，会感觉到很温暖。然而，如果这个物体是黑色的，你在碰触后，可能就会觉得更加明显了。下面我们一起来做个实验，看看是不是这样。

所需材料：
- 温度计两支 ✓
- 黑纸白纸各一张 ✓

实验操作：

1. 把白纸和黑纸放在太阳光下晒同样的时间。
2. 使用温度计，测量白纸和黑纸的温度。

实验现象：

在白纸上的温度计显示的温度会比较低。

实验原理：

黑纸吸收的太阳光更多，由此变得更热。而黑纸也能够向温度计散发出更多的热量，使其显示的温度更高。

注意：

此次实验应在太阳光下进行。你也可以只用一个温度计，但在测量完一张纸的温度之后，要将温度计恢复至初始值。

冷和热

夏天，当我们赤脚在地板上行走时，会感觉到地板是温热的。但在冬天，走在地板上则会觉得冰冷。下面，我们一起来做个实验吧。

所需材料：

■ 纸文件夹一个 ✓

■ 塑料书皮一个 ✓

实验操作：

1. 把纸文件夹和塑料书皮放在瓷砖上。

2. 一只脚踩在文件夹上，另一只脚踩在塑料书皮上。感受一下两种材质的温度。

实验现象：

你会觉得踩在塑料书皮上比纸文件夹上更冷。

实验原理：

在实验之前，由于文件夹和书皮放在同样的空间里，所以温度一样。当你站在它们上面时，脚底的温度会通过它们传到瓷砖上。塑料传热快，所以你站在塑料书皮上的脚会觉得更冷一些。纸文件夹传热慢，所以，你另一只脚的温度传到瓷砖上的时间更长。由此，你会觉得纸文件夹比塑料书皮更暖。

谁离开谁？

　　家里的织物，如桌布、地毯、沙发罩等，常常都要掸灰。究竟是地毯从灰尘上离开，还是灰尘离开了地毯？我们一起来做个实验吧。

所需材料：
- 地毯一张 ✓
- 掸灰棒一根 ✓

实验操作：

1. 把地毯晾在晾衣杆上。
2. 用掸灰棒击打地毯。

实验现象：

　　地毯里的灰尘被打出来。击打几次过后，地毯变干净了。

实验原理：

　　当你击打地毯的时候，地毯会移动。本在地毯上黏附的灰尘，由于惯性，留在了原处。换句话说，地毯动了，但是灰尘没有动，而由于地心引力，灰尘会掉到地面上。这就说明了，是地毯从灰尘上离开，而不是灰尘离开了地毯。

耍杂技的硬币

关于惯性的实验有很多,我们一起来做下面的实验吧。

实验操作:

1. 把纸片剪成带状,把它弯成一个环,末端用胶带粘贴。
2. 把纸环放在瓶子的顶部,硬币放在纸环的顶部。
3. 笔穿过纸环,用力地快速把它拉到旁边。

实验现象:

纸环被拉到一边,硬币掉进瓶内。

实验原理:

当你猛地把纸环拽走时,硬币会留在原处,然后掉入瓶内。由于惯性使得物体静止,或是继续匀速移动,所以硬币停留。但由于地心引力,硬币便掉落瓶中。

平衡点

　　如果一个物体被放置到桌子的边缘，那么，它很容易就会掉到地上。这次，我们做个实验来解释一下原因。再看看，能不能把物体放在桌子边，而它却不会掉下去。

所需材料：

- 纸盒一个 ✓
- 金属或是橡皮一块 ✓
- 桌子一张 ✓
- 笔一支 ✓

实验操作：

1. 把纸盒沿着桌子边缘移动，直到找到它能稳定放置的地方。
2. 用蓝笔在盒子上画下边缘的标记。
3. 把金属放在盒子的一边，然后再次寻找新的平衡点。
4. 用红笔在盒子上画下新的标记，跟蓝笔比较。

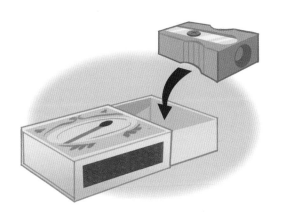

实验现象：

　　空盒子的标记，接近盒子的中间。而放了金属的盒子的标记，则离放着金属的那头更加近。

实验原理：

　　盒子覆盖住桌面时，重心通过桌面，因此盒子稳定在边缘。而当金属放在盒子里时，盒子的重心就会改变。

针变磁铁

玩个小把戏，我们改变一下针的特性吧。

实验操作：

1. 在线两端各穿一根针。
2. 把线缠在挂钩上，吊起两根针。
3. 磁铁靠近针，看看它们的反应。

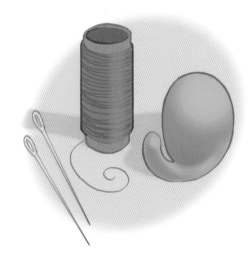

实验现象：

针与针之间的距离变大。

实验原理：

在磁铁的影响下，针被磁化了。也就是说，在磁场的影响下，它们有了磁力。两根针的底端磁极相同，因此相斥分开。

空气

虽然我们看不到空气，但是空气需要空间。我们做个简单的实验就能明白了。

所需材料：

- ☑ 瓶子一个 ✓
- ☑ 直吸管一根 ✓
- ☑ 可弯曲吸管一根 ✓
- ☑ 管口跟直吸管一样大的漏斗一个 ✓
- ☑ 橡皮泥若干 ✓
- ☑ 水若干 ✓

实验操作：

1. 把两根吸管插入瓶内，瓶口用橡皮泥封好。
2. 直吸管插入漏斗管中。
3. 用手指堵住弯曲的吸管，把水倒入漏斗，观察水流入瓶内的速度。
4. 手指不堵住弯曲的吸管，再次把水倒入漏斗。看看水流入瓶内的速度是否有变化。

实验现象：

当我们的手指堵住弯曲的吸管时，流入瓶内的水速很慢。而当我们手指不再堵住吸管口时，水速变得很快。

实验原理：

水流慢，是由于手指堵住吸管，瓶内的空气占据空间，水流受阻。而当手指移开，空气流动，水速自然变快了。

实验拓展：

在弯曲的吸管上插上气球。当你把水倒入漏斗时，气球会微微膨胀，因为水进入瓶内，会挤出空气，将气球"吹"大。

用吸管喝水

看看你用吸管喝水时，是不是也出现过下面的情况。

实验操作：

1.瓶内装水。

2.插入吸管，吸一小口。

3.小面团密封住瓶口，使空气不能进入。

4.再试试吸一口水吧。

实验现象：

瓶口敞开时，喝水很简单。但当瓶口密封时，用吸管喝水就很难了。

实验原理：

瓶内的水上面有空气。当你喝水时，周围的空气便进入瓶内，填补你喝掉的水的空间。当瓶口密封时，空气进不去，没有了气压的帮助，你就喝不到水了。

这不仅是一本少儿科学实验读物
更是您的阅读解决方案

建议配合二维码使用本书

本书特配线上资源

▶ **知识拓展包**

下载知识拓展包，看物理化学生物的拓展知识，激发学习兴趣，帮助孩子轻松积累学科知识。

▶ **趣味小测试**

通过趣味小测试，检测孩子知识掌握情况，查缺补漏，帮助孩子巩固学科知识。

▶ **实验操作视频**

看实验操作视频，从实验中清晰了解科学现象产生的过程，让孩子对科学产生浓厚兴趣的同时，为以后的学习打下良好基础。

▶ **专家答疑**

专家在线答疑，解决孩子阅读过程中产生的困惑。让孩子阅读更轻松，家长辅导少压力。

▶ **德拉创新实验室小课堂**

看实验室小课堂，轻松学习物理科普知识，了解生活中的物理现象，让孩子学习更有动力。

▶ **阅读助手**

为您提供专属阅读服务，满足个性阅读需求，促进多元阅读交流，让您读得快、读得好。

获取资源步骤

第一步：微信扫描二维码

第二步：关注出版社公众号

第三步：点击获取您需要的资源

微信扫描三维码

获取本书线上阅读资源